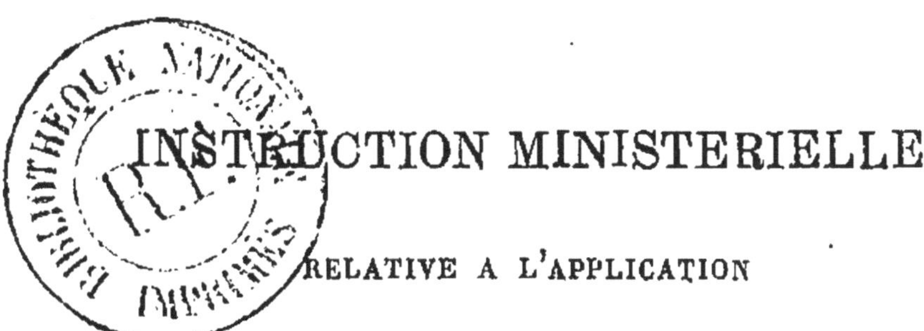

INSTRUCTION MINISTERIELLE

RELATIVE A L'APPLICATION

AUX TROUPES DU GÉNIE

DU DÉCRET DU 28 DÉCEMBRE 1883

INSTRUCTION MINISTÉRIELLE

DU 15 MAI 1886

RELATIVE A L'APPLICATION

AUX TROUPES DU GÉNIE

DU DÉCRET DU 28 DÉCEMBRE 1883

PORTANT RÈGLEMENT

SUR LE SERVICE INTÉRIEUR DES TROUPES

PARIS
11, Place St-André-des-Arts

LIMOGES
Nouvelle route d'Aixe, 46.

IMPRIMERIE ET PAPETERIE MILITAIRES
HENRI CHARLES-LAVAUZELLE
Libraire-Éditeur.

1886

INSTRUCTION MINISTÉRIELLE

RELATIVE A L'APPLICATION

AUX TROUPES DU GÉNIE

DU DÉCRET DU 28 DÉCEMBRE 1883

Paris, le 15 mai 1886.

Le décret du 28 décembre 1883, portant règlement sur le service intérieur des troupes d'infanterie, doit être appliqué dans les troupes du génie, concurremment avec le service intérieur des troupes d'artillerie et du train, pour tout ce qui concerne le service de la compagnie des sapeurs-conducteurs.

Quelques modifications nécessitées par l'organisation spéciale et le service technique des troupes du génie sont toutefois nécessaires.

Elles font l'objet de la présente instruction.

TITRE PREMIER.

FONCTIONS INHÉRENTES A CHAQUE GRADE OU EMPLOI.

ÉTAT-MAJOR.

CHAPITRE PREMIER.

COLONEL.

Nominations faites par le colonel.

En campagne ou hors du territoire, les nominations, propositions ou demandes qui rentrent dans les attributions du colonel, à la portion centrale, sont faites par l'officier général ou supérieur sous les ordres duquel les troupes sont placées, ainsi qu'il suit : dans un corps d'armée, par le commandant du génie du corps d'armée, lequel rend compte de ses décisions aux généraux commandant les divisions, en ce qui concerne les compagnies divisionnaires ; dans une division isolée, par l'officier supérieur commandant le génie; dans une formation de moindre importance qui ne comporte pas d'officier supérieur commandant le génie, par l'officier général ou supérieur commandant; pour les compagnies d'ouvriers militaires de chemins de fer, par l'officier supérieur commandant les troupes ; lequel informe, s'il y a lieu, les présidents intéressés des commissions de chemins de fer de campagne.

Hygiène des chevaux.

A l'arrivée des chevaux de remonte, le colonel les apprécie ; il donne des ordres pour leur immatriculation. Il les voit de nouveau dans la deuxième quinzaine qui suit leur arrivée, et adresse au général commandant le génie un rapport constatant le résultat de son examen.

Fractionnement du régiment.

Le colonel visite annuellement les compagnies détachées en France, avant l'inspection générale ; il arrête la liste des candidats à présenter à l'inspecteur général et contrôle tout ce qui a trait à l'administration, à l'instruction, à la tenue et à la discipline.

Il fait part de ses observations au général commandant le génie de la région où le détachement est stationné.

Dans une compagnie détachée à l'intérieur, les devoirs du colonel en ce qui concerne l'instruction sont dévolus au commandant de la compagnie, sous le contrôle du général commandant le génie de la région. Pour les permissions et les punitions, le commandant de la compagnie a tous les droits d'un chef de détachement de son grade. Cet officier adresse ses demandes directement au général commandant le génie de la région, lorsqu'il s'agit de permissions ou de punitions qui dépassent ses pouvoirs.

Il rend compte dans tous les cas au colonel du régiment.

Les nominations aux grades de sous-officier, de caporal, celles de maître-ouvrier, l'admission des sapeurs à la 1re classe ou leur renvoi de la 1re à la 2e classe continuent à être prononcés par le colonel du régiment. Les demandes de rétrogradation, de cassation et de réprimande, avec mise à l'ordre, sont adressées au général commandant le génie de la région, par l'intermédiaire du colonel, qui donne son avis. Au lieu de transmettre la demande, le colonel peut, s'il le juge convenable, faire rentrer à la portion centrale celui qui en est l'objet.

Dans les corps d'armée où il n'y a pas de général commandant le génie, c'est aux généraux de brigade commandants territoriaux que doivent s'adresser les commandants de compagnies détachées pour tout ce qui concerne les permissions, les punitions et les demandes de rétrogradation (1).

CHAPITRE II.

LIEUTENANT-COLONEL.

Attributions générales.

Le lieutenant-colonel surveille particulièrement l'ensemble et les détails du service régimentaire et de l'instruction militaire. Il en est de même de l'instruction spéciale, en ce qui

---

(1) Général commandant l'Ecole d'application de Fontainebleau, pour la compagnie affectée au service de cet établissement.

concerne la partie réglementaire des travaux, dont les chefs de bataillon sont chargés sous sa direction.

Il n'a pas la surveillance des cours de l'Ecole régimentaire, dont le commandant de l'Ecole est chargé sous la direction du colonel.

Feuillets du personnel.

Le feuillet du personnel en usage dans l'artillerie (Modèle III et art. 17 du règlement sur le service intérieur de cette arme), est adopté pour les officiers et adjoints du génie (troupes et état-major particulier). Il est établi et tenu par les autorités militaires prévues à l'instruction ministérielle du 7 mai 1884.

CHAPITRE III.

CHEFS DE BATAILLON.

Service de semaine.

Il est commandé, pour le service de semaine : un chef de bataillon, un adjudant-major, un adjudant du petit état-major et deux fourriers pour tout le régiment.

Un lieutenant ou un adjudant faisant fonction d'officier, le sergent-major comme auxiliaire de l'officier de semaine, un sergent et un caporal par compagnie.

Le chef de bataillon de semaine a la surveillance des écuries de l'infirmerie vétérinaire et de la maréchalerie, en outre des fonctions qui lui sont attribuées par le règlement sur le service intérieur des troupes d'infanterie.

Il visite, avec le sous-intendant militaire, les magasins à fourrages, comme dans l'artillerie.

CHAPITRE V.

ADJUDANT-MAJOR.

Attributions générales.

Des capitaines en second remplissent les fonctions d'adjudant-major. Ils sont désignés par le colonel.

Ils peuvent être chargés de l'instruction théorique et pratique des sous-officiers, caporaux et candidats caporaux, en ce qui concerne les exercices à rangs serrés, ainsi que des exercices corporels sous la direction d'un chef de bataillon.

Ils n'ont pas la surveillance des écuries, ni celle des distributions de fourrages. Ces fonctions sont dévolues au capitaine commandant la compagnie de sapeurs conducteurs. (Voir chapitre XLI suivant.)

Service de semaine.

Les adjudants du petit état-major leur sont adjoints pour le service de semaine.

CHAPITRE VII.

OFFICIER D'HABILLEMENT.

Officiers adjoints à l'officier d'habillement.

Le lieutenant d'armement, outre les fonctions qu'il remplit dans les troupes d'infanterie, est chargé de la surveillance et de l'entretien des équipages régimentaires.

CHAPITRE IX.

MÉDECINS.

Les régiments du génie n'ont pas de médecin-major de 2e classe.

Visite journalière.

Lorsque le sergent de semaine doit être présent au polygone ou à l'Ecole, à l'heure de la visite journalière des malades, il se fait remplacer par le caporal de semaine qui conduit les malades à la visite et accompagne le médecin dans les chambres et à la salle de discipline.

Vétérinaires.

Le service du vétérinaire est analogue à celui du vétérinaire chef de service dans les régiments d'artillerie. Il est défini dans le règlement sur le service intérieur des troupes de cette arme.

OFFICIERS DE COMPAGNIE.

CHAPIRE XI.

CAPITAINE-COMMANDANT.

Formation de la compagnie.

Sur le pied de paix, chaque compagnie est divisée en deux pelotons, chaque peloton en deux sections et chaque section en escouades numérotées comme il est indiqué dans des instructions spéciales.

Le lieutenant en premier commande le 1er peloton, le lieutenant en second commande le 2e. Quant la compagnie n'a qu'un lieutenant, il commande le 1er peloton ; en ce cas, et en tenant compte des restrictions prévues par le décret du 29 octobre 1874, la loi du 13 mars 1875 et les instructions ministérielles spéciales, le colonel nomme un adjudant qui commande le 2e peloton et fait dans la compagnie fonction d'officier.

Les sergents sont répartis entre les quatre sections ; les caporaux et, à défaut, les maîtres ouvriers, sont placés à la tête des escouades.

Sur le pied de paix, la compagnie de sapeurs-conducteurs est divisée en deux pelotons, chaque peloton en trois sections et chaque section en deux demi-sections. Le lieutenant en premier commande le 1er peloton et le lieutenant en second le 2e peloton.

La section est commandée par un maréchal des logis ; chaque demi-section est placée sous le commandement d'un brigadier. Ces formations n'ont trait qu'au service intérieur et ne modifient pas le règlement sur les manœuvres.

Devoirs généraux.

Le capitaine commandant la compagnie de sapeurs-conducteurs est chargé de l'instruction équestre des lieutenants et sous-lieutenants, ainsi que de celle des sous-officiers du régiment susceptibles d'être proposés pour élèves officiers. Il dirige l'instruction des chevaux de remonte et est appelé à l'examen de réception de ces chevaux.

Enfin, il est chargé de la surveillance des chevaux des officiers, sous la direction du chef de bataillon de semaine. L'entretien du sol du manège couvert lui est également confié.

Comptabilité.

Les livrets des chevaux sont tenus dans les compagnies auxquelles sont attachés leurs détenteurs.

Les outils portatifs délivrés aux hommes sont inscrits sur leurs livrets.

CAPITAINE EN SECOND.

Devoirs généraux.

Le capitaine en second est subordonné au capitaine-commandant dans toutes les parties du service de la compagnie. Il prend ses ordres et lui rend compte de leur exécution, ainsi que de tous les évènements dont il importe que cet officier soit prévenu sans délai. En cas d'absence, il remplace le capitaine commandant.

Rassemblement de la compagnie.

Chaque fois que la compagnie se rassemble, le capitaine en second y précède le capitaine-commandant, auquel il remet ensuite le commandement.

Cas de partage de la compagnie.

En cas de partage de la compagnie, le capitaine en second marche avec le 2e peloton; il emmène avec lui le fourrier.

Instruction dans les chambres et instruction spéciale.

Le capitaine en second a la direction des parties de l'instruction qui doivent être, d'après les règlements, enseignées dans les chambres. Il surveille aussi, sous la responsabilité du capitaine-commandant, l'instruction spéciale et les travaux de la compagnie.

Matériel de la compagnie.

Il surveille particulièrement le matériel de la compagnie et est responsable de son bon entretien vis-à-vis du capitaine-commandant. En campagne, quand la compagnie est rassemblée, il s'occupe en outre spécialement du service des sapeurs-conducteurs affectés à la compagnie.

Service de semaine.

Les capitaines en second concourent avec les capitaines-commandants pour le service de semaine.

CHAPITRE XII.

LIEUTENANT.

Fonctions.

Les fonctions dévolues, par le règlement sur le service intérieur des troupes d'infanterie, aux lieutenants et aux sous-lieutenants, sont exercées, dans les régiments du génie, par les lieutenants en premier et en second et par les sous-lieutenants, suivant leur ordre d'ancienneté.

Dans les compagnies qui n'ont qu'un officier du grade de lieutenant, est nommé un adjudant qui remplit les fonctions de lieutenant en second et qui roule avec le lieutenant pour le service de semaine.

Même en cas d'absence du lieutenant, cet adjudant n'a jamais la direction de l'ordinaire. Il est toujours subordonné au lieutenant pour les revues de détail et l'instruction de son peloton dans les chambres.

Service de semaine.

La compagnie du génie n'ayant pas d'adjudant de compagnie proprement dit, le sergent-major est l'auxiliaire du lieutenant ou de l'adjudant fonctionnaire officier de semaine.

Le lieutenant de semaine à la compagnie de sapeurs-conducteurs veille à l'accomplissement des devoirs du maréchal des logis et du brigadier de semaine. Il assiste au repas des chevaux, au pansage... etc..., et son service est identique à celui des lieutenants des compagnies du train des équipages.

Officier d'approvisionnement.

En temps de paix, les fonctions d'officier d'approvisionnement sont remplies, sous la direction du major, par l'officier de casernement et le lieutenant d'armement.

Le premier est chargé de la garde et du lotissement des vivres de première ligne, dans le cas où ceux-ci sont confiés au corps. Le second est chargé de la surveillance et de l'entretien des voitures régimentaires et de leur harnais ; un brigadier de sapeurs-conducteurs peut lui être adjoint pour ce service.

Aux manœuvres et en campagne, le capitaine commandant remplit, pour sa compagnie, les fonctions d'officier d'approvisionnement. Il peut, sous sa responsabilité, confier tout ou partie de ces fonctions à un de ses lieutenants ou à un sous-officier.

TROUPE.

CHAPITRE XV.

ADJUDANT.

Fonctions.

Les fonctions d'adjudant sont de deux sortes :

1° Adjudant faisant fonction d'officier dans une compagnie ;

2° Adjudant du petit état-major.

Adjudant faisant fonction d'officier.

Les attributions de l'adjudant faisant fonction d'officier sont les mêmes que celles du lieutenant en second dans sa compagnie sous les réserves spécifiées ci-dessus au chapitre XII.

Adjudant du petit état major.

Les fonctions d'adjudant du petit état-major sont remplies en temps de paix par des adjudants désignés par le colonel, conformément aux instructions en vigueur.

Ces adjudants ont autorité sur les adjudants fonctionnaires officiers, sauf en ce qui concerne le service intérieur des compagnies. Ils sont particulièrement subordonnés aux adjudants-majors.

Un adjudant du petit état-major est de service de semaine dans le régiment ; les autres sont à la disposition du lieutenant-colonel pour remplacer ou seconder l'adjudant de semaine.

CHAPITRE XVI.

SERGENT-MAJOR.

Devoirs généraux.

Outre ses fonctions de comptable, le sergent-major remplit dans la compagnie les fonctions dévolues à l'adjudant de compagnie dans les régiments d'infanterie. Il est spécialement chargé de l'instruction primaire sous la direction des chefs de peloton.

Il prend part aux instructions militaire et technique, ainsi qu'à l'instruction d'école.

Cas d'absence.

En cas d'absence, le sergent-major est remplacé pour la comptabilité, par le fourrier ; et pour les appels et le service, par le sergent de semaine.

CHAPITRE XVII.

SERGENTS.

Fonctions.

Dans une compagnie sur le pied de paix, les quatre plus anciens sergents sont chefs de section, les autres leur sont adjoints.

Sur le pied de guerre, les huit plus anciens sergents sont chefs de demi-section ; le neuvième peut être appelé à remplir les fonctions de vaguemestre, et le dixième à seconder le commandant de compagnie dans ses fonctions d'officier d'approvisionnement.

Les maréchaux des logis des sapeurs-conducteurs sont chefs de section; leur service est identique à celui des maréchaux des logis du train des équipages.

Service de semaine.

Le sergent de semaine n'est pas dispensé des exercices du polygone. Quand il est absent du quartier, il est remplacé, notamment pour la visite journalière des malades, par le caporal de semaine.

CHAPITRE XVIII.

FOURRIER.

Fourrier de semaine.

Les fourriers du régiment alternent entre eux

pour le service de semaine. Chaque semaine, l'adjudant-major commande deux fourriers :

Le fourrier de semaine et le fourrier d'ordre.

Ils communiquent le rapport et les ordres du régiment et de la place aux officiers de l'état-major du régiment et à ceux de l'Ecole régimentaire, ainsi qu'aux professeurs civils de l'Ecole, d'après une répartition faite par l'adjudant-major de semaine.

Ils sont à la disposition de cet officier pour communiquer, en cas d'urgence, les ordres donnés extraordinairement dans la journée.

Fourrier de semaine.

Il établit sous la direction de l'adjudant de semaine, et avec l'aide d'un secrétaire, caporal ou sapeur, la situation-rapport du régiment.

Il est, pendant toute la semaine, à la disposition absolue de cet adjudant pour les écritures.

Fourrier d'ordre.

Le fourrier d'ordre se rend tous les matins au rapport de la place, porteur du registre du régiment.

Après avoir écrit l'ordre de la place, il le remet à l'adjudant de semaine, et, s'il en est requis, va le communiquer au lieutenant-colonel et au chef de bataillon de semaine.

Il tient à jour le registre d'ordres du lieutenant-colonel.

Il est chargé de réunir les malades du régiment, qui doivent entrer à l'hôpital, de les y conduire, et de ramener ceux qui en sortent.

Il établit la situation de prise d'armes,

d'exercice ou de travail, pour chaque séance, d'après le tableau de l'emploi du temps.

Il remet au major, tous les matins avant midi, les situations-rapports des compagnies.

CHAPITRE XIX.

MAITRES-OUVRIERS.

Attributions.

Les nominations de maîtres-ouvriers sont faites par le colonel, sur la proposition du capitaine et l'avis du chef de bataillon.

Les maîtres-ouvriers sont choisis parmi les sapeurs de 1re classe qui se font particulièrement remarquer par leur conduite, leur tenue, leur vigueur, leur adresse et leur connaissance des travaux de l'arme.

A moins de nécessité absolue, ils ne font d'autres corvées que celles de l'ordinaire.

Le maître-ouvrier peut remplacer le caporal absent comme chef de chambrée, chef de chantier ou chef d'escouade.

Les fonctions de gardien des outils et des artifices mis à la disposition des compagnies, en temps de paix comme en campagne, sont dévolues de préférence aux maîtres-ouvriers.

Brigadier maréchal ferrant, bourrelier.

Le service du brigadier maréchal-ferrant et celui des bourreliers sont identiques à ceux qui sont définis pour les emplois similaires, dans le service intérieur des troupes d'artillerie et du train des équipages.

PETIT ÉTAT-MAJOR ET SECTION HORS RANG.

CHAPITRE XXIII.

DISPOSITIONS GÉNÉRALES.

Dispositions générales.

Le sergent premier secrétaire du trésorier est sergent de section.

Les sapeurs de la section hors rang constituent deux escouades :

La première est commandée par le caporal secrétaire de l'armement, et la deuxième par le caporal secrétaire du trésorier ; ces deux caporaux remplissent les fonctions de caporal de semaine.

Les autres caporaux de la section hors rang sont sous la surveillance immédiate du sergent premier secrétaire du trésorier.

CHAPITRE XXXII.

CONDUCTEURS DES ÉQUIPAGES RÉGIMENTAIRES.

Les conducteurs des équipages régimentaires sont des sapeurs-conducteurs.

TITRE II.

DEVOIRS GÉNÉRAUX COMMUNS AUX DIVERS GRADES ET EMPLOIS.

CHAPITRE XXXIX.

NOMINATION, MODE DE RÉCEPTION DES OFFICIERS.

Les capitaines employés en sous-ordre dans les compagnies, ainsi que les fonctionnaires adjudants-majors, sont reçus par le lieutenant-colonel.

CHAPITRE XLI.

SERVICE DES ÉCURIES.

Le service des écuries et des chevaux d'officiers est placé sous la surveillance du capitaine commandant la compagnie de sapeurs-conducteurs. Les règles à suivre dans ce service sont énumérées dans le règlement sur le service intérieur des troupes d'artillerie et du train. (Chapitre V, X et L.)

CHAPITRE XLII.

INSTRUCTION.

Direction de l'instruction.

Le colonel est responsable de l'instruction du régiment, laquelle se divise en deux parties distinctes : l'instruction militaire ou de régiment, et l'instruction spéciale ou d'école.

L'instruction militaire des sapeurs-mineurs et des ouvriers militaires de chemins de fer est donnée conformément au règlement sur les manœuvres de l'infanterie. Celle des sapeurs-conducteurs est régie par les règlements en vigueur dans les escadrons du train.

L'instruction spéciale ou d'école est donnée conformément aux prescriptions du règlement du 25 juin 1885 sur l'instruction des régiments du génie.

CHAPITRE XLVII.

PERMISSIONS.

Le colonel, à la portion centrale, et les commandants des compagnies détachées adressent au général commandant le génie de la région, où ils sont stationnés, les demandes de permissions qui excèdent leurs pouvoirs. Les demandes faites par les commandants de compagnie doivent porter l'attache du directeur ou du chef du génie délégué à cet effet par le directeur.

Le général commandant le génie adresse au général commandant le corps d'armée les demandes qu'il ne peut lui-même accorder.

Dans les régions où il n'existe qu'une seule direction du génie, les permissions qui dépassent les pouvoirs des commandants de compagnie détachée sont demandées au général de brigade commandant territorial (1). Ces deman-

(1) Au général commandant l'École d'application de Fontainebleau pour la compagnie détachée pour le service de cet établissement.

des doivent, comme dans le cas précédent, avoir l'attache du directeur ou du chef du génie.

Les commandants des compagnies détachées rendent toujours compte au colonel du régiment des permissions qui ont été demandées.

CHAPITRE XLVIII.

Les punitions des maîtres-ouvriers sont les mêmes que celles des sapeurs. Les maîtres-ouvriers punis font les mêmes corvées que les sapeurs.

Cassations.

Les formes pour casser les maîtres-ouvriers sont les mêmes que pour casser les caporaux.

Attributions des commandants de détachements.

En campagne, les droits dévolus au chef de corps en matière de punitions disciplinaires, sont attribués aux officiers supérieurs du génie ou à leurs suppléants chacun en ce qui concerne les troupes placées immédiatement sous ses ordres. Le commandant du génie de division relève, à cet égard, directement du général commandant la division.

Les rétrogradations et cassations sont faites conformément aux indications du tableau ci-dessous, qui indique la marche à suivre dans chaque cas.

Dans le cas où l'officier désigné ci-dessus pour prendre la décision n'aurait pas le grade voulu, il transmettrait le dossier à son supé-

RÉTROGRADATIONS et CASSATIONS.	COMPAGNIE DIVISIONNAIRE.	COMPAGNIE DE RÉSERVE de corps d'armée.	COMPAGNIE D'OUVRIERS MILITAIRES de chemins de fer (1).	AÉROSTIERS.
Renvoi d'un sapeur de la 1re à la 2e clas.	Rapport du commandant de la compagnie. Décis. du commandant du génie de la division.	Rapport du commandant de la compagnie. Décision du chef du parc.	Rapport du commandant de la compagnie. Décis. de l'off. supérieur commandant les troupes de chemins de fer.	Rapport du commandant de la section. Décis. du commandant du génie de l'armée ou du corps d'armée.
Rétrogradation d'un sous-officier, cassation d'un caporal-fourrier, d'un caporal ou d'un maître-ouvrier.......	Plainte du commandant de la compagnie. Avis du commandant du génie de la division. Décis. du général commandant la division. Compte rendu au com. du génie du corps d'armée, par le com. du génie de la divis.	Plainte du commandant de la compagnie. Avis du chef de parc. Décision du commandant du génie du corps d'armée, s'il est général.	Plainte du commandant de la compagnie. Avis de l'officier supér. commandant les troupes de chemins de fer. Décis. du directeur des chemins de fer de campagne, s'il est général.	Plainte du commandant de la section. Décision du commandant du génie du corps d'armée ou de l'armée, s'il est général.
Cassation d'un sergent ou d'un sergent-major.......	*Idem.*	Plainte du commandant de compagnie. Avis du chef de parc. Avis du commandant du génie du corps d'armée. Décision du général command. le corps d'armée.	Plainte du commandant de compagnie. Avis de l'officier supérieur commandant les troupes de ch. de fer. Avis du directeur des ch. de fer de campagne. Décis. du dir. génér. des ch. de fer et des étapes, s'il est gén. de division.	Plainte du commandant de la section. Avis du commandant du génie du corps d'armée. Décision du général commandant le génie de l'armée, s'il est général de division.
Cassat. d'un adjud.	Prononcée par le général commandant le corps d'armée ou l'armée.			

(1) Pour les compagnies mises à la disposition d'une commission de chemins de fer de campagne, les pouvoirs attribués dans le présent tableau à l'officier supérieur commandant les troupes de chemins de fer sont confiés à l'officier supérieur président de cette commission.

rieur immédiat dans la hiérarchie du commandement.

Le militaire qui rétrograde ou est cassé, est changé de compagnie, selon les cas, et aussitôt que possible, par le commandant du génie du corps d'armée ou de l'armée, ou par l'officier supérieur commandant les troupes de chemins de fer.

CHAPITRE L.

CONSEIL DE DISCIPLINE POUR LES SOLDATS.

Lorsqu'une compagnie est détachée à l'intérieur, le général commandant le génie de la région (1) ou, à son défaut, le général de brigade commandant territorial fait désigner, sur la demande du commandant de compagnie autorisé par le colonel du régiment, des officiers d'autres corps de la garnison ou de la garnison la plus voisine, pour composer ou compléter le conseil de discipline.

En campagne, le conseil de discipline est désigné, sur la demande du commandant du génie du corps d'armée, par le général commandant la division, pour la compagnie divisionnaire, ou par le général commandant le corps d'armée, pour la compagnie de réserve, les troupes de chemins de fer et les aérostiers.

---

(1) Général commandant l'Ecole d'application de Fontainebleau, pour la compagnie affectée au service de cet établissement.

CHAPITRE LVII.

DISTRIBUTIONS.

Rassemblement et conduite des corvées de fourrages. — Devoirs du lieutenant de semaine à la compagnie de sapeurs-conducteurs.

Le lieutenant de semaine à la compagnie de sapeurs-conducteurs est chargé de reconnaître les distributions de fourrages ; il y assiste toujours.

A l'heure fixée, cet officier fait réunir, par le maréchal des logis de semaine, les conducteurs en tenue de corvée, avec les voitures nécessaires, ainsi que les ordonnances des officiers montés. Le sous-officier prend ensuite la conduite de la corvée et la dirige sur le magasin à fourrages, où elle n'entre que sur l'ordre du lieutenant de semaine qui doit surveiller la distribution.

OBSERVATION FINALE.

Service des sapeurs-conducteurs.

Le service des compagnies de sapeurs-conducteurs est défini d'une facon générale par le décret sur le service intérieur des troupes d'artillerie et du train des équipages, sous réserve des observations faites dans la présente instruction.

TABLE DES MATIÈRES

TITRE Ier

Fonctions inhérentes à chaque grade ou emploi.

Etat-major.

Officiers de compagnie.

Troupes.

Petit état-major et section hors rang.

TITRE II

Devoirs généraux communs aux divers grades et emplois.

Paris et Limoges. — Imp, militaire H. CHARLES-LAVAUZELLE.

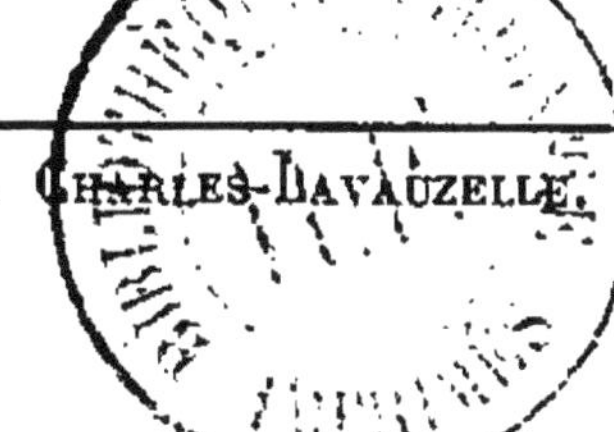

www.ingramcontent.com/pod-product-compliance
Ingram Content Group UK Ltd.
Pitfield, Milton Keynes, MK11 3LW, UK
UKHW012120240726
13965UKWH00005B/1880

9 782013 389396